AF359925

ESSAI

SUR

L'ÉDUCATION ET LA CULTURE

DES

ARBRES FRUITIERS PYRAMIDAUX,

VULGAIREMENT APPELÉS *QUENOUILLES*,

Précédé de considérations sur les causes qui se sont opposées et s'opposent encore au succès de cette culture, dans la plupart des jardins,

PAR M. PRÉVOST FILS, Pépiniériste,

Membre de l'Académie royale des Sciences, Belles-Lettres et Arts de Rouen, et de la Société d'Agriculture de la même Ville

A ROUEN,

IMPRIMERIE DE P. PERIAUX PÈRE, IMP. DU ROI.

1825.

ESSAI

SUR

L'ÉDUCATION ET LA CULTURE

DES

ARBRES FRUITIERS PYRAMIDAUX,

VULGAIREMENT APPELÉS *QUENOUILLES.*

L'ENTHOUSIASME ou plutôt l'engouement avec lequel on accueille ordinairement les nouveautés, même en agriculture, la manière inconsidérée dont on en use, et le peu de soin que l'on prend pour obtenir le succès promis ou espéré, amènent souvent des résultats très-peu satisfaisants ; le dégoût s'en suit, et l'on finit presque toujours par déprécier et rejeter ce qu'on ne s'est jamais donné la peine de bien connaître. Cet état de choses existe maintenant dans une partie de la Normandie, relativement aux arbres fruitiers pyramidaux, plus généralement désignés par l'épithète impropre *quenouille* (1).

---

(1) Depuis quelques années, aux environs de Paris, on a créé la chose pour le mot, et maintenant on voit des arbres ayant la forme d'une quenouille.

L'insouciance des propriétaires de jardins et surtout l'ignorance des jardiniers étant les seules causes de l'abandon de ces arbres, dont la forme élégante, le placement facile et l'abondance des produits ne sont pas les seuls avantages, il m'a semblé que des observations sur les causes réelles du mauvais état des arbres pyramidaux dans la plupart des jardins, jointes à la facile possibilité d'obtenir ces arbres intéressants dans toute leur beauté, ne pourraient qu'être utiles. Fort de quelques succès dans ce genre de culture, j'ai osé entreprendre ce travail, mais je suis loin de me flatter d'avoir atteint complètement le but.

Les principaux jardins de l'Allemagne étaient depuis longtemps ornés d'arbres fruitiers pyramidaux, lorsque Voltaire, frappé des avantages et de la beauté de cette forme, l'introduisit dans ses jardins. De-là, le goût pour cette culture se répandit dans l'intérieur de la France, et le jardin du Roi ne tarda pas à en présenter des modèles.

Il serait assez difficile, je pense, de dire à qui l'on doit l'introduction des arbres en pyramides dans la ci-devant haute Normandie ; ce qui est certain, c'est qu'il y a bien vingt-cinq ou trente ans que la mode en vint à Rouen, (car la mode étend aussi son empire sur les objets les moins susceptibles d'être soumis à ses caprices). Tout le monde alors planta des *quenouilles*, élevées sans principes, *arrachées* et expédiées sans soins (1). On les entassa les unes sur les autres et jusque sous de

____

(1) Cette éducation vicieuse, dont les conséquences nuisent tant aux arbres, se conservera encore longtemps dans les pépinières ; les acheteurs pourraient y mettre un terme, ainsi que je le démontrerai plus bas.

grands

grands arbres qui , étant les premiers nés du terrein , surent le disputer avec avantage.

Loin de consulter les qualités du sol et l'exposition ; pour ne planter que les espèces et les variétés capables d'y prospérer , on mit à peu près les mêmes sortes dans tous les terreins et dans tous les sites. Parmi les poiriers , on ne manqua presque jamais de faire entrer pour beaucoup dans le nombre les variétés dites de *crassane* , de *colmar* , de *beurré* ou *amboise* , et de *bon-chrétien d'hiver* , variétés qui , dans ce pays, exigent presqu'impérieusement une exposition au soleil et sur-tout l'abri d'un mur, car si ces quatre variétés réussissent quelquefois en plein air , ce n'est que sous l'influence de circonstances locales assez rares, et comme par exception.

Enfin , on planta fort mal (ce que l'on fait encore assez fréquemment), quelquefois par *économie*, souvent par ignorance. Il était d'usage aussi, soit pour avoir *un peu de tout* , soit pour *utiliser le terrein* , de planter , à quelques décimètres du pied de ces arbres, une bordure de buis , d'oseille ou de fraisiers , des plantes légumières ou d'agrément , des rosiers , des lilas , etc.

Les *quenouilles* ainsi plantées étaient confiées aux soins de prétendus jardiniers , dont la bêche , chaque année , coupait toutes les racines assez osées pour venir chercher des aliments trop près de la surface du sol , tandis que de la serpette ils mutilaient et raccourcissaient sans cesse les branches latérales qu'ils appelaient alors des *crochets* , et favorisaient l'accroissement d'un certain nombre de branches plus longues et faisant tête à l'endroit où une tige centrale et verticale devait exister seule et continuer à s'élever dans cette direction , en fournissant à mesure des branches latérales.

Quelques-uns ont toujours laissé le rameau terminal de toute sa longueur , et raccourci constamment , à deux ou trois pouces de la tige, ceux des côtés; il en est résulté des tiges bien longues, bien minces, d'une nudité désagréable, et ne tenant debout qu'au moyen de tuteurs.

D'autres ont donné plus de longueur aux branches latérales, mais cette longueur étant la même pour toutes, le résultat a été une sorte de colonne au lieu d'un cône. Toutes les branches et les rameaux étant conservés, leurs nombreuses ramifications faisaient un fourré presqu'impénétrable à l'air et à la lumière : aussi ces arbres produisaient bien rarement quelques fruits médiocres.

Plusieurs, enfin, attachèrent à la tige et firent serpenter autour d'elle de long rameaux et souvent en sens inverse de leur direction naturelle.

Le résultat de semblables plantations et traitements est facile à deviner : une partie de ces arbres mourut en peu d'années; le plus grand nombre végéta pitoyablement et sans prendre aucun accroissement bien sensible; quelques variétés délicates se couvrirent annuellement de chancres; enfin, dans les variétés naturellement vigoureuses, quelques individus, doués d'une force vitale capable de résister à tout, devinrent bientôt, grâce à la taille *en tête* et *à crochets*, des arbres à haut-vent.

Ces opérations absurdes étant encore pratiquées journellement dans la plupart des jardins où la culture des *quenouilles* n'a pas encore été abandonnée, les personnes qui pourraient douter de la vérité des faits que je viens d'exposer pourront se convaincre facilement que je suis encore loin d'avoir tout dit.

Trompés dans leur attente, sans en soupçonner la cause véritable, la plupart des propriétaires ou détenteurs de jardins détruisirent, après quelques années, ce qui leur restait de *quenouilles*, et, bien persuadés que cette forme ne convient nullement aux arbres fruitiers, au moins dans ce pays, ils ne cessent, depuis ce temps, de les déprécier et d'employer tous leurs moyens pour y faire renoncer ceux de leurs amis qui manifestent le désir d'en planter.

Les jardiniers, de leur côté, trouvant qu'il est plus facile de décrier et faire abandonner cette sorte de taille qu'ils ne connaissent pas, que d'apprendre à bien la faire, se mirent aussi de la partie, et continuent à expliquer à leur manière en quoi les *quenouilles* ne valent rien.

La cause honteuse de l'erreur de ces gens-là, leur ignorance, serait bien difficile à détruire, car presque tous ont une répugnance invincible pour la lecture, contre laquelle leur principal argument est que *les livres d'agriculture, ouvrages de l'ignorance, n'enseignent que l'erreur, et que la pratique seule est profitable.*

Il serait pourtant injuste de dire que tous les jardiniers de Rouen et des environs sont entichés de cette coupable ignorance, mais il est trop vrai que c'est le partage du plus grand nombre. Il est encore utile de dire, pour atténuer leurs torts dans le cas dont il s'agit, que l'insouciance et le dédain qu'ils manifestent pour l'étude de l'art horticultural est un peu l'ouvrage des propriétaires de jardins, car la plupart ne s'attachent nullement à la science de l'homme, mais seulement à la modicité de la rétribution pécuniaire qu'il demande pour son travail.

C'est donc uniquement dans l'intérêt du petit nombre des jardiniers qui ont le désir de connaître les principes de l'art qu'ils exercent, et surtout dans celui des propriétaires et des amateurs qui, tenant à posséder des arbres fruitiers en pyramides, sont disposés à prendre les soins nécessaires pour les obtenir, que je vais essayer de faire connaître les moyens à employer pour y parvenir.

Si je n'avais ni exemple à citer, ni circonstances locales relatives à faire connaître, il me suffirait de renvoyer à une brochure publiée sur cet objet, en 1802, par M. Etienne Calvel ; mais, tout en recommandant la lecture de ce livre aux personnes qui voudraient s'occuper de l'éducation des arbres fruitiers pyramidaux, je crois faire encore une chose utile pour ceux qui habitent le pays dans lequel je me livre depuis plus de vingt ans à cette culture, en disant par quels moyens je suis parvenu à obtenir, dans divers terreins, de nombreuses et belles pyramides, que je me ferai toujours un plaisir d'offrir aux regards des personnes qui en manifesteront le désir.

Je viens de tracer rapidement le tableau des principales causes, et du dépérissement des arbres fruitiers pyramidaux dans les jardins, et de l'espèce d'anathème prononcé trop inconsidérément contre eux ; mais avant d'exposer les moyens de les faire prospérer, je dois dire un mot de leurs défectuosités dans les pépinières, des causes de la mauvaise éducation qu'ils y reçoivent, et des moyens d'y remédier.

Les pépinières de Vitry-sur-Seine sont en possession d'approvisionner en arbres, non-seulement la capitale et ses environs, mais encore une partie du centre et du nord de la France ; les pépiniéristes de Rouen se fournissant en grande partie dans ces pépinières, et la plupart des leurs étant dirigées d'après les mêmes principes, il suffira de faire connaître ce qui se pratique à Vitry et dans les communes environnantes.

Les sujets sont plantés beaucoup trop près les uns des autres : il en résulte que l'air et la lumière, si nécessaires à la végétation, ne pénétrant qu'avec peine entre les rangs et presque jamais entre les individus, les tiges s'allongent sans pouvoir acquérir la grosseur nécessaire, parce que les rameaux latéraux ne se développent pas, ou languissent après avoir faiblement poussé. Le nombre, l'étendue et l'état de santé des racines étant presque toujours en rapport avec le nombre, la vigueur et l'étendue des branches et des rameaux, le pied de ces arbres est rarement aussi bon qu'il devrait l'être ; enfin, ce rapprochement extrême des individus est aussi un obstacle à la conservation de longues racines lors de la déplantation, quand même on aurait le désir de faire cette opération avec soin.

Lorsque la greffe est encore à sa première année de végétation, il est facile de prévenir la nudité de sa base en la raccourcissant plus ou moins, suivant son espèce et sa grosseur, afin d'exciter le développement des gemmes inférieurs en rameaux latéraux ; mais les pépiniéristes, toujours pressés de mettre leurs arbres en état d'être livrés promptement au commerce, ne raccourcissent ces greffes qu'autant qu'elles ont dépassé une hauteur d'environ quatre pieds huit pouces à cinq pieds. Des tiges si hautes et si faibles ne pourraient se soutenir sans l'appui des tuteurs auxquels on a toujours soin de les fixer. La sève, au printemps suivant, abandonne les gemmes inférieurs de ces tiges débiles, pour se porter à leur sommet, qui, pendant cette seconde année, est, dans beaucoup de variétés, plus gros que leur base. C'est ordinairement après la troisième année de leur greffe que ces *quenouilles*, presque toutes informes, sont livrées aux demandeurs ; les plus fortes sont ordinairement réservées par les pépiniéristes pour en faire des hautes tiges.

La mutilation des racines lors de l'arrachage, et la perte d'une partie des rameaux latéraux par le peu de soin que l'on apporte à la confection des ballots ou paquets, sont des inconvénients beaucoup trop connus pour qu'il soit utile de les signaler.

Cette éducation vicieuse et ces mauvais soins, ont, sur la forme et sur la santé des arbres, une influence souvent funeste. Aussi les reproches adressés aux pépiniéristes paraissent-ils bien fondés ; cependant, en examinant les choses de plus près et sans prévention , il est facile d'apercevoir que la parcimonie des acheteurs a beaucoup contribué à rendre mauvaise la culture des pépinières , et , sans vouloir justifier la conduite des pepiniéristes , je dois dire pourtant qu'il est impossible d'espacer convenablement les arbres et d'employer beaucoup de temps pour les élever , lorsqu'ensuite il faut les donner à vil prix. Que ceux des acheteurs (et le nombre en est grand) qui , ne tenant aucun compte de la différence qui doit exister entre le prix d'un bon arbre et celui d'un mauvais, ont contracté l'habitude d'exiger les uns et les autres presque pour rien , ne s'en prennent qu'à eux-mêmes si tous les arbres qu'on leur livre ne sont pas de bonne qualité ; car leur conduite semble dire aux pépiniéristes : « *trompez-moi donc ,* » *puisque je fais tout ce que je peux pour vous y con-* » *traindre.* »

Il y a environ vingt-deux ans que mon goût particulier pour les arbres pyramidaux me fit prendre la résolution de donner tous mes soins à l'éducation de ceux que je greffais , même pour le commerce. En ne laissant annuellement à la tige qu'une élévation proportionnée à sa grosseur et à la vigueur de son espèce , et par l'emploi d'autres soins non moins utiles , je parvins à obtenir des *quenouilles* ou pyramides parfaitement garnies de branches et de rameaux dans toute leur longueur, et présentant déjà la forme d'un conoïde très-allongé. Beaucoup d'acheteurs les trouvèrent belles , mais pas un ne voulut y mettre un prix plus élevé qu'aux arbres défectueux qu'il trouvait ailleurs. Je fus donc obligé de livrer au prix courant ; mais, n'ayant pas rentré dans mes frais, je me suis vu contraint de me rapprocher de l'usage commun , bien que la connaissance de tous ses défauts me le fasse détester.

Le perfectionnement dans l'éducation des arbres dépend donc en partie des propriétaires éclairés, et si
quelques pépiniéristes, malgré leur intérêt bien démontré, ne pouvaient se déterminer à sortir du cercle
étroit de la routine, il est certain que beaucoup d'autres,
stimulés par la certitude que le prix des arbres serait en
raison de leur qualité, ne manqueraient pas de chercher
à les produire plus beaux et meilleurs. Les acheteurs et
les pépiniéristes ayant également tort, et, ni les uns ni
les autres ne paraissant disposés à entreprendre une
réforme si désirable dans l'intérêt de tous, il est probable
que les amateurs et les jardiniers auront encore longtemps à s'occuper du soin de faire disparaître les défauts
des jeunes *quenouilles*; c'est pourquoi je vais en indiquer
les moyens.

Les racines mutilées doivent être rafraîchies par une
coupe propre, ce qui suppose l'emploi d'une serpette
bien affilée ; cette coupe, qui doit être allongée en
biseau et tournée de manière à poser sur la terre du
fond du trou, ne doit être pratiquée qu'au moment de
la plantation, afin que sa surface ne puisse être dessé-
chée. Si les arbres ont été longtemps hors de la terre,
et que leurs racines soient desséchées, il sera bon,
immédiatement avant leur plantation , de les faire
tremper, pendant quelques heures ou même pendant un
jour si leur état de dessiccation l'exige, dans un baquet
ou autre vase, en partie rempli d'eau de fumier, ou d'eau
commune dans laquelle on aura délayé préalablement
du crottin de cheval, de la fiente de vache ou d'autres
engrais animaux. Cette immersion devra se faire dans
un bâtiment, pour que les arbres soient garantis des
injures du froid et du desséchement que l'écorce éprouve
toujours par son exposition à l'air libre et aux rayons
solaires.

La plantation faite, si les arbres sont suffisamment

garnis de branches latérales bien disposées, on les taillera
suivant les principes qui seront développés plus loin;
mais si, comme cela n'est pas rare, la tige est nue
ou presque nue à sa base, et sur une hauteur considérable, il faudra la rabattre ou raccourcir d'un quart,
d'un tiers ou de moitié de sa longueur totale, suivant
l'exigence des cas, et ce, autant que possible, sur un
rameau latéral vigoureux, et susceptible de prendre la
direction verticale au moyen d'un tuteur fixé à la tige,
ou, à défaut, sur un gemme non développé. La coupe
de la tige sera recouverte de suite avec l'onguent de
Saint-Fiacre (1), ou mieux encore avec la composition
de Forsyth (2). Le rameau sur lequel on aura rabattu

---

(1) Fiente de vache délayé et mêlée avec partie égale de terre forte,
à quoi l'on peut ajouter du foin haché ou des balles de céréales.

(2) Sans croire aux effets merveilleux attribués par Forsyth à sa
composition, je ne puis néanmoins partager l'opinion de quelques
agronomes français, qui, dans son application sur les plaies vives,
redoutent l'effet d'un caustique. Je l'ai employée dans différents cas,
sur des espèces de genres différents, et toujours avec succès. Voici
la manière de faire cette composition:

Prenez : Fiente de vache, une partie ;

        Plâtras pulvérisés de craie ou de vieille chaux, demi-partie ;

        Cendre de bois, demi-partie ;

        Sable fin, un seizième.

Tamiser les trois derniers ingrédients, en opérer exactement le
mélange avec la fiente de vache ; délayer cette espèce de mortier avec
suffisante quantité d'urine et d'eau de savon, jusqu'à consistance
d'une peinture épaisse. On en fait l'application sur les plaies des arbres
avec un pinceau ; on saupoudre ensuite avec des cendres sèches.

Cette composition durcit à l'air, tient longtemps sur les arbres,
résiste à la pluie et aux autres intempéries de l'atmosphère. Dans
un vase, et recouverte d'urine, elle se conserve longtemps.

la

la tige étant fixé verticalement, sera lui-même réduit à une longueur de quelques pouces en établissant la coupe immédiatement au-dessus d'un œil ou gemme bien nourri et diamétralement opposé à la courbure de la base du rameau qui le porte. S'il existe quelques rameaux latéraux au-dessous de celui que l'on a choisi pour remplacer la portion de tige enlevée, on les taillera de manière à ne laisser à chacun que deux ou trois yeux, en observant que la taille doit être assise autant que possible sur un œil ou gemme bien confectionné et placé en-dessus ou sur l'un des côtés du rameau, s'il est horizontal, ou en dessous ou bien sur un côté, mais jamais en dessus ou en regard de la tige, si ce rameau est oblique ascendant.

Ces suppressions et raccourcissements mettront la sève en état de pourvoir, au printemps suivant, au développement des yeux ou gemmes de la base de la tige, si l'arbre a reçu d'ailleurs tous les soins qui caractérisent une bonne plantation.

L'année de la plantation étant pour les arbres une année de crise, d'épuisement, et presque toujours la cause d'une révolution pénible dans leur système organique et dans leurs fonctions vitales, il arrive quelquefois que, malgré les précautions indiquées ci-dessus, les bourgeons produits par les yeux inférieurs de la tige n'acquièrent que quelques lignes de longueur ou ne se composent que d'un bouton conique ; mais c'est déjà beaucoup, et, dans ce cas, à la taille suivante, il faut, 1° laisser entiers ces bourgeons exigus et se garder surtout d'endommager leur gemme terminal, s'ils n'ont pas plusieurs pouces de longueur, car ce gemme recèle sous ses nombreuses écailles le germe d'un bourgeon qui se développera avec vigueur au printemps suivant: (le gemme terminal de ces courts bourgeons se change souvent en bouton à fruit, si, lors de la taille, on laisse

trop nombreux et trop longs les bourgeons supérieurs ;)
2° tailler très-court et autant que possible sur un œil
imparfait les bourgeons supérieurs ; en supprimer,
s'ils sont trop rapprochés, et, à mérite égal sous le
rapport du placement, enlever de préférence les plus
gros, si, l'étant sensiblement plus que les autres, ils
sont trop près du sommet de la tige ; 3° couper les
boutons à fruit s'il y en a, en laissant exister le petit
rameau qui les supporte ; 4° choisir, à l'extrémité de
la tige, le bourgeon le plus fort pour la continuer, le
fixer verticalement s'il n'a pas naturellement cette direction ; enfin le raccourcir en calculant la longueur à
lui laisser sur sa grosseur, sur le nombre et le développement des bourgeons latéraux et sur le mode de
végétation particulier à l'espèce ou à la variété de l'arbre
auquel il appartient.

Chaque arbre étant de nouveau fixé au sol par de
nombreuses radicules destinées à y puiser les aliments
propres à son accroissement, et une sève encore rare,
mais précieuse, ayant disposé, dans le tissu cortical de
sa tige et de ses branches, les germes de bourgeons
nombreux, il est certain que sa végétation, pendant la seconde année après la plantation, sera beaucoup plus brillante que pendant la première, et alors,
suffisamment regarni de rameaux latéraux, il devra être
soumis à la taille ordinaire des arbres pyramidaux en
bon état, taille dont il sera question plus loin. Si on
voulait faire regarnir des *quenouilles* plantées depuis un
an, on y parviendrait en employant les mêmes moyens,
modifiés suivant l'état dans lequel ces arbres se trouveraient.

Mais si, au lieu d'avoir à planter et à restaurer en
même temps de jeunes arbres dégarnis ou à faire regarnir des arbres ayant un an de plantation, il s'agissait
de faire regarnir de branches des arbres plantés depuis

deux ou plusieurs années, trop gros pour être rabattus, et restés nus à leur base ou d'un côté, parce qu'on aurait négligé de faire en temps opportun les suppressions propres à exciter le développement des gemmes et bourgeons exigus du bas de leur tige, deux procédés généraux, la taille et la greffe, en fourniraient les moyens.

Quand les vides sont peu considérables, une taille bien entendue suffit pour les remplir en peu de temps, et ce moyen, plus prompt et plus certain que ceux que fournit la greffe, doit toujours leur être préféré.

Un vide unilatéral dont la largeur ne dépasse pas le tiers de la valeur de la circonférence de la pyramide, à l'endroit où ce vide existe, se regarnit en taillant les rameaux qui l'avoisinent sur un œil tourné de son côté. La direction des bourgeons étant naturellement celle des gemmes qui leur ont donné naissance, il s'ensuit que les branches des deux côtés d'un vide, étant ainsi taillées, finissent par s'approcher et se joindre en peu de temps ; alors il faut tailler sur un gemme tourné en dehors, pour que les bourgeons subséquents prennent la direction convenable à tous, celle de rayons partant d'un axe commun, qui est la tige.

Si les vides sont nombreux et disséminés de différents côtés et à diverses hauteurs, il faudra diminuer la pyramide dans toutes ses dimensions, en rabattant toutes les branches sur leur vieux bois. La longueur à laisser à chacune se calcule sur la quantité de bourgeons dont on a besoin pour regarnir l'arbre, sur son âge, le mode de végétation de son espèce et les ressources que lui offrent le terrein et les autres circonstances locales, en observant toutefois la condition d'une longueur relative entre chaque branche, pour que l'ensemble présente une pyramide régulière. On tâchera aussi d'asseoir la taille sur les restes d'un œil non développé que l'on choisira du côté d'un vide ou dans la direction la plus convenable. Ce ravalement faisant presque toujours naître beaucoup de bourgeons inutiles et mal placés, il faut, à la taille suivante, ne conserver que ceux qui ont une direction convenable, les espacer avec méthode, et le plus régulièrement possible. La confusion qu'occasionne le trop grand nombre de branches donne lieu a des inconvénients plus graves que ceux qui résultent de leur rareté. Lorsque la vigueur des arbres le permet, il est avantageux de supprimer les bourgeons inutiles dès qu'ils commencent à se développer, c'est-à-dire en mai ou juin, et lorsqu'on peut en faire le choix avec discernement. Cette opération fait tourner au profit des seuls bourgeons conservés la totalité de la sève.

Quand une pyramide, d'ailleurs suffisamment garnie, est large et courte, et que cette forme vicieuse a fait disparaître la flèche ou l'extrémité de la tige, ce qui arrive souvent, il faut faire choix d'un bourgeon vigoureux autant que possible, dont la base avoisine celle de la branche terminale délaissée par la sève, et comme ensévelie au milieu de celles qui l'environnent. Ce bourgeon, étant susceptible de prendre la direction verticale au moyen d'un tuteur, sera substitué à la flèche mourante ; on lui laissera toute la longueur que sa grosseur permettra raisonnablement, et, pour lui assurer la portion de sève nécessaire à sa végétation, comme continuation de la tige, on rétrécira la pyramide en raccourcissant les branches latérales, comme il vient d'être dit plus haut.

Si une *quenouille* est épaisse dans le haut, et que des branches vigoureuses y forment une sorte de tête, il faut se hâter d'y remédier, car, sans cela, tous les moyens propres à favoriser le développement des branches inférieures seraient impuissants.

Ces branches, trop vigoureuses, trop longues, trop

nombreuses, et qui privent de sève les branches inférieures en même temps qu'elles la disputent à l'extrémité de la tige, qui presque toujours finit par succomber
dans cette lutte, sont ordinairement rameuses ; dans ce
cas, il faut choisir à leur base une branche moyenne
ou faible que l'on conserve seule, en coupant près de
son origine tout ce qui la dépasse. Ces petites branches
étant bien choisies et suffisamment espacées, on les rac-
courcit plus ou moins suivant la hauteur à laquelle
elles se trouvent, et relativement aux dimensions à donner à la pyramide. Il arrive quelquefois que l'ampu-
tation totale de plusieurs grosses branches est nécessaire,
soit pour les espacer convenablement, soit pour augmenter la vigueur et faciliter l'allongement des branches
inférieures, lesquelles, dans le cas dont il s'agit, ne
sont, comme le disent les jardiniers, que des *crochets ;*
alors il ne faut pas oublier l'application de la composition de Forsyth, dont j'ai donné plus haut la recette.

Il faut être sobre d'amputations, mais, quand elles
sont nécessaires, on ne doit jamais négliger de couvrir
de cette composition les plaies qu'elles occasionnent,
parce que, sans cette précaution, l'air et le soleil en
dessèchent la surface, détruisent le fluide réparateur et
s'opposent ainsi à leur prompte cicatrisation. J'ai vu
fréquemment, sur des bourgeons très-vigoureux, le dernier gemme être paralysé dans son développement,
parce que la coupe, trop voisine de ce gemme, n'avait
été couverte d'aucun enduit.

Quand la grosseur d'une branche à amputer exige
l'emploi d'une scie, on ne doit jamais négliger de parer
la plaie avec la serpette, parce que les dents de la
scie, quelle que soit son espèce, déchirent les tissus, et
le *cambium* ne recouvre facilement les plaies qu'autant
que leur surface est unie.

On voit souvent des *quenouilles* assez bien garnies ou

même trop garnies dans leur partie supérieure , dont la base est totalement privée de branches , ou n'en présente qu'une ou deux et d'un seul côté ; dans ce dernier cas , on regarnit assez bien la partie nue de la tige en y greffant par approche , et aux endroits convenables , les plus forts rameaux de la branche ou des branches qui sont à la base. Tous les amateurs de jardins et les jardiniers doivent savoir que la greffe par approche se fait de mars en août , en excoriant la branche et la tige au point de contact et en fixant l'une contre l'autre au moyen d'un lien doux et flexible que doit recouvrir un enduit ou emplâtre d'onguent de Saint-Fiacre , de cire à greffer , etc. , afin de favoriser l'union des parties , en empêchant l'évaporation du *cambium.* La soudure opérée , on coupe le rameau au-dessous de son point d'union avec la tige , et son extrémité , devenue branche caulinaire , continue à pousser en garnissant le côté vers lequel on l'a dirigée en greffant.

Lorsque la base de la tige est totalement nue , la greffe par approche avec les branches de l'arbre est presque toujours impraticable ; dans ce cas , j'ai toujours eu à me louer des bons effets du ravalement de la flèche et des branches latérales , ainsi que de la suppression d'une partie de ces dernières quand elles étaient trop rapprochées. Cette opération , dis-je , m'a toujours réussi , mais il n'est pas impossible pourtant que , dans certains cas , le ravalement se trouve insuffisant ; c'est alors qu'il faut avoir recours à quelque sorte de greffe capable de remplir le but qu'on se propose.

Beaucoup de livres signalent , comme moyen préférable pour regarnir les pyramides , plusieurs sortes particulières de greffes , telles que l'écusson sous l'écorce , ou bien par emporte-pièce taillé en pointe , en carré , en losange , etc. Les greffes par scions , au moyen d'un trou de vrille ou d'une mortaise dans la tige de l'arbre , sont aussi recommandées comme étant très-propres à remplir ce but.

Je ne m'arrêterai point à réfuter en détail cette horticulture de cabinet, mais je dois dire en quoi ces procédés sont défectueux, ne fût-ce que pour éviter des désagréments aux personnes trop disposées à croire les théoristes sur parole.

Il s'agit d'opérer sur des arbres ayant plusieurs années de plantation, et encore plus de greffe ; de tels arbres, que la déplantation, et trop souvent de mauvais soins ont rendu languissants, au moins pendant quelques temps, ont nécessairement l'écorce très-épaisse, et la greffe en écusson, quelle qu'en soit la forme, ne réussit bien que sur une jeune tige dont l'écorce est mince et flexible. Des trous de vrille et des entailles sont des plaies que l'on ne multiplie pas impunément sur ces arbres, et les greffes qu'on y implante reprennent rarement. Je ne suis pas le seul qui, par suite d'essais infructueux, aie rejeté l'emploi de ces greffes, dont la confection exige beaucoup de temps.

La greffe en écusson, qui serait la meilleure, ne pouvant réussir que sur de jeunes arbres qu'il est bien préférable et plus facile de restaurer par la taille, je considère la greffe par approche comme la seule ressource dans le cas dont il s'agit. Mais cette greffe ne pouvant s'exécuter avec les branches même de l'arbre dont la tige est complètement nue à sa partie inférieure, il faut planter, à peu de distance de son pied, et sans endommager ses racines, un ou deux jeunes arbres à tige basse, pourvus de quelques rameaux ou bourgeons vigoureux que l'on conserve seuls et qu'il faut greffer sur la tige aux endroits où cela est nécessaire, lorsque la sève du printemps devient active. Un rameau allongé peut faire deux greffes, en lui faisant décrire un arc de cercle entre la première et la seconde. Une année suffit ordinairement pour que la soudure des greffes soit complète. A la fin de l'automne suivant , on coupe les branches greffées , et les jeunes arbres qui les ont fournies doivent être enlevés et replantés ailleurs.

L'arbre chargé de fournir les greffes doit toujours être de la même variété que l'arbre à greffer ; le dépérissement et la mort d'une variété, par l'extrême vigueur d'une autre, lorsque toutes deux sont nourries par le même pied, est un accident si commun que je ne puis concevoir comment il se trouve encore des hommes capables de conseiller l'application de greffes de beaucoup d'espèces et variétés sur le même sujet , pour avoir des arbres chargés de *toutes sortes de fruits*. Si je voulais combattre cette fantaisie, les moyens ne me manqueraient pas ; mais de tels champions sont trop faciles à désarçonner pour qu'il soit utile de le faire.

Une fente longitudinale de quelques pouces , faite dans l'écorce avec la pointe de la serpette , détermine quelquefois l'apparition d'un ou de plusieurs bourgeons , mais on n'est pas maître de rendre ce moyen efficace.

Je ne saurais approuver l'usage des ligatures et des incisions annulaires , car elles ont rarement le privilége de faire regarnir les pyramides , et les arbres souffrent toujours un peu de ces opérations qui occasionnent une pléthore dans la partie qui leur est supérieure, en même temps qu'elles privent les racines de la sève descendante.

Lorsque les premières branches d'une pyramide sont à douze , quinze et même vingt pouces au-dessus de la surface du sol , on ne doit rien faire pour regarnir au-dessous ; car ce vide , désagréable pendant les premières années seulement , devient utile pour cultiver sous la pyramide et lui donner de la grâce lorsqu'elle a des dimensions plus considérables.

Il est des pyramides tellement faibles et languissantes qu'il serait inutile d'employer pour leur restauration les

moyens

moyens précités, si, préalablement, on ne s'était oc-
cupé de leur rendre la vigueur nécessaire. Il faut donc,
avant tout, débarrasser le terrein environnant de tous
les arbres, arbustes et plantes qui s'y trouvent, faire
une tranchée ou fosse circulaire autour du pied de chacune, à une distance suffisante pour que ses racines n'en
soient point endommagées ; on remplira cette tranchée
de terre neuve, bien amandée ; on enlèvera la terre du
dessus de la motte conservée autour du pied de l'arbre,
jusqu'à ses premières racines ; elle sera remplacée en
partie par une couche de terre neuve, sur laquelle on
étendra du fumier gras, dont les eaux pluviales entraî-
neront les sucs dans les racines. Cette couche de fumier,
qu'il faudra éviter de mettre en contact avec le pied
ou les racines de l'arbre, sera recouverte par une couche
de la terre préalablement enlevée de cet endroit.

Si la tige et les branches de ces pyramides sont couvertes de mousses ou de *lichens*, il faudra les en débarrasser, par un temps humide, à l'aide d'instruments
propres à cela. Si la quantité d'arbres rend l'émoussage
trop long, on fera, avant le développement des feuilles,
l'application du lait de chaux sur la tige et les branches,
au moyen d'une brosse de peintre, et, quelques temps
après, la chute de l'enduit de chaux et des débris des
plantes cryptogames laissera voir une belle écorce.

Il me reste à parler des pyramides qui, chaque année,
se couvrent de chancres ; si une meilleure culture, des
engrais appropriés à la nature du terrein, et une taille
soignée ne font pas disparaître les chancres, il faut enlever
ces arbres et les utiliser en les plantant contre un
mur exposé suivant que le soleil est plus ou moins
nécessaire à la variété à laquelle chacun d'eux appartient ; là, certainement, ils se débarrasseront des chancres en peu d'années. Mais, comme on n'a pas toujours
des murs à garnir d'espaliers, le moyen de tirer parti

des arbres chancreux, s'ils ne sont ni trop gros ni trop anciens, consiste à les couper à quelques pouces au-dessus de la terre, et à les greffer en couronne, avec un rameau vigoureux d'une variété congénère capable de supporter le plein air dans les circonstances locales où elle doit vivre, sans y être sujette aux affections cancéreuses.

On voit quelquefois des arbres rester languissants et presque toujours stériles malgré tous les soins propres à les rendre vigoureux et productifs : de tels arbres doivent disparaître du sol qui les a nourris en vain ; ceux qui ne laissent aucun espoir doivent aller au bûcher ; les autres, étant replantés ailleurs, et avec soin, pourront reprendre une vigueur satisfaisante.

Je crois n'avoir rien omis d'essentiel sur les moyens propres à opérer le rétablissement des arbres pyramideaux défectueux ; il me reste à dire maintenant quelles sont les espèces et les variétés qui réussissent le mieux dans chaque sorte de terre, et par quels moyens on peut les conduire avec succès depuis leur berceau jusqu'au maximum de leur accroissement. Mais on trouvera peut-être incomplets et insuffisants les détails des opérations que je recommande, c'est pourquoi j'observerai ici que je suppose aux personnes qui voudraient user de mes conseils la connaissance des éléments de l'art horticultural ; d'ailleurs, les explications que j'omets se trouvant dans la plupart des livres de botanique, d'agriculture et d'horticulture, je prie ceux de mes lecteurs dont j'aurais le malheur de n'être pas entendu, de consulter quelques-uns de ces livres, et notamment l'Almanach du bon jardinier, devenu en quelque sorte le *vade-mecum* de presque tous les amateurs de jardins.

Des différentes sortes de Terres, et des espèces et variétés d'Arbres qui peuvent y prospérer.

Les terreins que j'ai eu l'occasion de planter dans les départements de la Seine-Inférieure et de l'Eure, peuvent être classés en neuf espèces principales que je désignerai de la manière suivante :

Terre n° 1. Sableuse, plus ou moins profonde, sur un fond de sable jaune et de galet.

n° 2. Crayeuse ou calcaire, à couche supérieure grise, plus ou moins épaisse.

n° 3. Argileuse, froide et compacte ; semblable à ce qu'on appelle vulgairement bonne terre à blé. La situation de cette espèce, ordinairement en plaine, ajoute encore à son humidité et à sa densité naturelles.

n° 4. Pierreuse, grise ou brune ; peu profonde, reposant sur un fond de terre argilo-glaiseuse et rougeâtre, contenant beau-coup de gros cailloux. Ce fond de terre, très-tenace, est connu vulgairement sous le nom de *tuf*. Elle se trouve souvent au sommet et sur les flancs des collines.

n° 5. Pierreuse, grise, brune ou noirâtre ; pro-fonde, demi-forte, reposant sur un fond d'argile douce et pure. Cette espèce se rencontre fréquemment au bas des pentes des collines.

n° 6. Terre de pré. Elle se trouve constamment au fond des vallées, et surtout au bord des eaux vives.

(24)

n° 7. Franche, demi-légère ; profonde, reposant
sur un fond de terre argileuse et un peu
crayeuse.

n° 8. Légère. Cette espèce, ordinairement brune
ou noire, est rarement naturelle et se
rencontre plus communément autour et
dans les villes qu'à la campagne. Elle est
presque toujours le résultat de remblaie-
ments faits avec des vidanges, des dé-
combres pulvérisés, des terres diverses,
très-végétales, etc.

n° 9. Très-légère. Cette espèce est le résultat
d'une longue culture ainsi que de l'emploi
d'engrais animaux abondants, dans un
sol naturellement léger.

L'analyse des terres étant étrangère à mon sujet, la
description scientifique de leurs nombreuses variétés étant
au moins inutile ici, et les courtes définitions qui pré-
cèdent me paraissant suffisantes pour caractériser les
espèces dont la culture m'est familière, et qui sont à
peu près les seules que l'on rencontre fréquemment,
je passe à l'examen des espèces et des variétés d'arbres
fruitiers qui, sous la forme pyramidale, peuvent réussir dans chacune d'elles.

Mais il ne suffit pas de savoir quelles espèces ou
variétés d'arbres à fruit on doit planter dans chaque
sorte de terre, il faut encore savoir sur quelle espèce
de sujets ces arbres doivent être greffés pour y prospérer.

Cette question n'étant pas la moins importante, je
vais lui donner quelque développement afin d'être mieux
compris lors de l'indication des sortes à préférer,
relativement aux qualités du sol. Je dirai en même

temps quel est le degré d'aptitude de chaque espèce et de chaque variété pour former de belles pyramides, ainsi que ce que chacune d'elles peut offrir de particulier dans sa végétation, ses produits et les soins qui lui sont propres.

De l'Abricotier.

L'abricotier se greffe ordinairement sur prunier ; l'abricotier sauvage ou provenu de noyau peut également servir de sujet. Plusieurs agronomes distingués, tels que La Bretonnerie, Etienne Calvel, dans son Traité des arbres en pyramide, publié en 1802, et M. Louis Noisette, dans le Jardin fruitier, terminé en 1821, citent l'amandier comme pouvant aussi recevoir la greffe de l'abricotier. Cette culture, qui pourrait peut-être présenter quelques résultats satisfaisants, ne paraît pas avoir été tentée par les pépiniéristes, car, jusqu'à présent, les abricotiers livrés au commerce sont greffés sur prunier.

Les pruniers propres à servir de sujets peuvent être ou de semence ou de drageons. Ceux de semence sont naturellement les meilleurs, parce qu'ils doivent acquérir des dimensions plus considérables et être moins susceptibles de produire des drageons, dont la présence est toujours nuisible en ce sens qu'ils détournent à leur profit une portion de la sève destinée à la conservation et à l'accroissement de la tige et des branches, ainsi qu'au développement de leurs productions annuelles, qui sont les feuilles, les fleurs et les fruits. Cependant, et malgré ces avantages, les pépiniéristes n'emploient que des pruniers provenus de drageons. Le motif de cette préférence est la facilité avec laquelle on se les procure. Par suite de cet usage, j'ai moi-même toujours greffé l'abricotier sur pruniers de drageons, et ceux que je cultive en pyramide ne le sont pas autrement. Leur végétation étant brillante, leurs dimensions considérables et leurs produits satisfaisants, je puis donc rassurer les amateurs sur l'inconvénient des drageons, qui, d'ailleurs, sont faciles à détruire. Leur apparition reconnaît pour cause ordinaire la rupture partielle de fortes racines, leur rapprochement de la surface du sol par l'enlèvement d'une couche de terre, etc. Il est un seul cas où le développement des drageons indique positivement, sinon la fin prochaine, au moins le mauvais état de l'arbre auquel ils appartiennent : c'est lorsque cette production est abondante et comme spontanée; alors elle doit être considérée comme une prévoyance de la nature, qui veut que chaque être soumis à l'empire de la destruction pourvoie, par tous les moyens possibles, à la conservation de son espèce, par la reproduction. Faisant donc l'application de ce principe à l'objet dont il est ici question, je dirai que l'apparition de drageons nombreux n'a ordinairement lieu qu'au pied d'un arbre décrépit ou dépérissant par suite de circonstances locales défavorables, et de mauvais traitements.

L'abricotier vient assez bien partout, pourvu qu'il jouisse pleinement de l'aspect du soleil et qu'il soit garanti des vents, surtout de ceux qui règnent du nord au sud-ouest. Plus son exposition est chaude et abritée, plus sa conservation est facile, ses produits assurés et abondants. Les terres légères et les terres sableuses lui conviennent, mais il fait rarement bien dans les terreins forts et humides, tels que ceux que j'ai décrits sous les n⁰ˢ 3 et 4.

Cet arbre ne semble pas devoir s'élever naturellement en pyramide, car la sève qui, dans la plupart des autres espèces, paraît abandonner les branches latérales inférieures pour se porter à la cîme, agit tout différemment dans celui-ci. L'extrémité de la tige ne prend ordinairement la direction verticale qu'au moyen d'un tuteur ; la base de la pyramide tend à prendre une étendue considérable par le développement, sur quelques branches principales, de nombreux et très-vigoureux bourgeons qui, si on les conservait, feraient bientôt de l'arbre un buisson informe, puisqu'ils amèneraient la destruction de l'extrémité de la pyramide (que, pour éviter l'emploi de circonlocutions, je nommerai désormais la *flèche*) et celle d'une partie des branches latérales. Ils occasionneraient encore la nudité et la stérilité des branches qui leur ont donné naissance, en faisant périr chaque année leurs petites ramifications latérales ou bourgeons à fruit. Il faudra donc toujours ou presque toujours supprimer entièrement ces bourgeons, qui ont souvent la grosseur du doigt, et ce, en les rabattant sur celui des bourgeons à fruit inférieurs qui aura la meilleure direction. Tous les rameaux seront raccourcis suivant leur grosseur et les proportions relatives à la forme de l'arbre, afin de prévenir leur dépérissement et pour provoquer le développement de nouveaux bourgeons. On aura soin de ne donner à la base de la pyramide qu'autant de largeur qu'elle doit en avoir pour être en rapport avec sa hauteur. On veillera surtout à ce qu'aucune branche inférieure, déjà très-forte, n'occupe pas, par de nombreuses ramifications, une place considérable au détriment des autres branches ; car si elle jouissait de cette prépondérance pendant deux ou trois ans seulement, elle ferait languir et finirait par anéantir la partie de la pyramide supérieure à son point d'insertion sur la tige, et alors la restauration, sans être impossible, serait très-difficile.

Je n'ai cultivé, jusqu'à présent, que trois variétés d'abricotiers sous la forme pyramidale : l'abricot-pêche, l'abricot commun, qui n'est pas le moins productif, et l'alberge. Les individus de cette dernière variété sont francs de pied, ce qui a retardé l'époque de leurs premiers produits.

En novembre 1816, j'ai planté plusieurs abricotiers en pyramide, dans un vaste jardin sis à Rouen, faubourg Bouvreuil : la terre est de l'espèce n° 7 (1). Ces arbres sont maintenant beaux et bien garnis ; leur hauteur est de quatorze à quinze pieds ; la base de la pyramide a quinze pieds de périmètre ; à quelques pouces au-dessus de la terre le périmètre de la tige est de dix-huit pouces. Lorsque le temps est favorable à l'époque de la floraison, on a lieu d'être satisfait du nombre, du volume et de la bonté de leurs fruits.

Je dois observer ici que les dimensions ci-dessus, ainsi que toutes celles que je donnerai dans le cours de ce Mémoire, sont prises sur chaque arbre tel qu'il était immédiatement après la taille, et sans y comprendre l'extrémité que chaque rameau a perdue lors de cette opération.

Il est encore important de dire que ces mêmes dimensions ont été mesurées au printemps de 1823, époque à laquelle j'ai conçu l'idée de ce Mémoire, que, pendant deux ans, mes nombreuses occupations m'ont empêché de terminer, et que deux étés s'étant écoulés depuis ce moment, les arbres cités ont maintenant, plus qu'ils n'avaient alors, de deux à trois pieds et demi de hauteur, et d'un à deux pieds de périmètre.

Du Cerisier.

Les nombreuses espèces et variétés du cerisier se greffent sur le merisier des bois venu de semence, sur

---

(1) J'observe que les pyramides que je plante habituellement sont de taille marchande, c'est-à-dire que, l'année de plantation après la taille, elles sont de quatre à cinq pieds et demi de haut, et le périmètre de leur tige, à moitié hauteur, est d'un pouce et demi à quatre pouces.

les

les drageons de merisier et de cerisier , et sur le mahaleb ou cerisier de Sainte-Lucie. Ceux greffés sur le merisier de semence acquièrent des dimensions plus considérables et sont moins susceptibles de périr par l'effet des qualités particulières de certains terreins. Ceux qui sont greffés sur le mahaleb fructifient plutôt , plus abondamment , et leurs fruits sont plus gros et meilleurs ; mais ils acquièrent des dimensions moins considérables et périssent souvent tout-à-coup dans plusieurs sortes de terre. Leurs racines sont aussi plus susceptibles d'être rongées par les *vers blancs* ou larves de hannetons , mieux connus ici sous le nom de *mans*. Ceux enfin qui sont greffés sur drageons de merisier ou de cerisier sont très-rares dans le commerce , au moins dans ce pays-ci , et je crois que cela ne doit donner lieu à aucuns regrets.

Le cerisier est de tous les arbres fruitiers celui qui se développe le plus promptement et le plus facilement en pyramide, quand, d'ailleurs, il reçoit les soins convenables. On conçoit que je ne parle pas ici du cerisier précoce nain, ni de quelques variétés semblables, dont la végétation est aussi faible que les fruits sont médiocres. Ce que je viens de dire des cerisiers en général ne s'applique pas non plus aux variétés du bigarreautier, dont les bourgeons rares, contournés ou pendants, se prêtent peu à la forme pyramidale. Les cerisiers d'Angleterre, de Hollande, et la royale sont les variétés les plus promptes à fructifier, et aussi celles qui produisent le plus étant conduites en pyramide. Le nombre et la direction oblique ascendante ou presque verticale de leurs rameaux leur donne un port élégant et gracieux. Ils sont peu susceptibles de se dégarnir.

Le *cerisier de Montmorency* ou *gros gobet à courte queue*, produit des fruits en quantité raisonnable, d'un très-gros volume et d'une saveur agréablement acidulée.

Il se conserve bien garni, est moins susceptible que quelques autres variétés de s'emporter d'un côté, parce que chez lui la sève est distribuée plus également dans toutes les branches ; mais il a une tendance singulière à pousser horizontalement, et ses branches inférieures sont toujours inclinées : aussi est-on obligé le plus souvent d'asseoir la taille des rameaux latéraux sur un gemme placé en-dessus, et de redresser, au moyen d'un petit tuteur, la flèche ou bourgeon terminal.

L'*agriottier* est vigoureux et pousse dans une direction oblique ascendante, à la manière des cerisiers de Hollande et d'Angleterre.

Le *cerisier bifère*, aussi nommé *cerisier perpétuel* et *de la Toussaint*, se garnit bien, est remarquable par le nombre et la disposition de ses fleurs et de ses fruits, pousse horizontalement, et souvent même beaucoup de ses rameaux sont pendants.

Le *cerisier du Nord* se garnit bien ; ses rameaux inférieurs sont horizontaux, les supérieurs sont faiblement ascendants. Les fleurs de cet arbre avortent presque toujours dans ses premières années.

Le *cerisier à bouquet* pousse à la manière du cerisier de Montmorency ; la singularité à laquelle il doit son nom, l'agrégation de plusieurs cerises portées sur un seul pédoncule, ne se retrouve que sur un petit nombre de ses fruits.

Le *cerisier à courte queue* pousse beaucoup, se garnit trop, ne produit bien, sous la forme pyramidale, que tardivement et seulement après qu'un développement plus ou moins considérable a pu mettre un frein à l'excès de sa vigueur. La sève, dans cette variété, abandonne facilement les rameaux faibles du centre, ainsi que les gemmes et boutons à fleur de la base des rameaux vigoureux, lesquels sèchent et tombent avant le temps de leur épanouissement. Ces accidents sont souvent provoqués par une taille trop allongée à la suite de laquelle on laisse trop de bourgeons. Il faut donc espacer convenablement les branches et les rameaux, soigner la forme de l'arbre, et attendre patiemment l'époque où sa beauté et ses produits viendront dédommager amplement d'un peu de peine.

Les personnes impatientes de récolter pourront avancer l'époque de cette jouissance en déplantant les arbres ou en coupant leurs principales racines ; mais ce moyen, qui a ses chances défavorables et dont le moindre effet est d'arrêter l'accroissement des arbres, doit toujours être rejeté lorsqu'un autre , le temps par exemple, peut amener le même résultat.

Le *cerisier de la Palembre*, dit aussi *belle de Choisy*, pousse avec une vigueur étonnante ; il porte bien ses rameaux et fait de belles pyramides ; mais il produit bien peu, et les bonnes qualités de son fruit ne font qu'ajouter aux regrets que fait naître son peu de fertilité. J'ai essayé successivement d'une taille très-longue et de la mutilation des racines ; mais ces moyens, sans avoir été complètement infructueux, n'ont réussi qu'imparfaitement. Je me propose d'en employer un autre plus naturel et dont j'espère obtenir des résultats satisfaisants. (1)

---

(1) Depuis 1823, époque de la rédaction de cet article, je me suis contenté d'enlever aux individus de cette sorte de cerisier les rameaux mal placés et nuisibles , ainsi que ceux qui, par leur longueur ou par leur extrême vigueur, auraient fait perdre à l'arbre ou la régularité de sa forme ou l'égale répartition de sève entre toutes ses branches ; les rameaux conservés l'ont été dans leur entier ; le résultat a été une prodigieuse quantité de fleurs, mais les fruits sont restés en très-petit nombre , ce qui porte à croire que, dans ces fleurs, l'un des deux sexes est souvent inhabile à la fécondation.

Le *cerisier* ou *guignier à fruit blanc*, pousse beaucoup, soutient ses rameaux dans une belle direction, produit peu tant qu'on le soumet à la taille, et est, plus qu'aucun autre, sujet à la gomme dans les terres qui ont de la consistance.

Le *cerisier à feuilles de tabac* et les *bigarreautiers* sont, comme je l'ai dit plus haut, peu susceptibles de prendre la forme pyramidale ; ce n'est qu'à force de peines et de soins que l'on pourrait parvenir à la leur imposer.

Une taille trop courte empêchant généralement les cerisiers de fructifier avec abondance, et les rendant plus sujets aux accidents causés par la gomme, il convient de leur épargner les coups de serpette lorsqu'ils sont grands, bien formés, et que leur végétation est devenue régulière et modérée.

En décembre 1814, j'ai planté, dans un jardin sis à Rouen, faubourg Bouvreuil, dont le sol est de l'espèce n° 7, une avenue d'arbres pyramidaux, composée en grande partie de cerisiers de diverses sortes. Presque tous ont maintenant de quinze à seize pieds d'élévation ; le perimètre de la base de la pyramide a la même dimension ; celui de la tige, à quelques pouces au-dessus de la terre, est de quatorze à quinze pouces.

Du Coignassier.

Les *coignassiers de Portugal* et *de la Chine* ont, jusqu'à présent, répondu d'une manière très-satisfaisante aux soins que j'ai pris pour en faire des pyramides ; mais l'impossibilité d'employer leurs fruits comme aliment doit faire reléguer ces arbres parmi ceux d'agrément, que la taille, quelque forme qu'elle impose, ne fait que déshonorer.

Du Néflier.

Les variétés du néflier que j'ai soumis à la taille en

pyramide sont celle *à gros fruit* et celle *à fruits sans osselets*, dite aussi *sans pepin*. Cette dernière pousse bien et se garnit facilement, mais celle à gros fruit, dirigeant mal sa tige et ses rameaux, donne plus de peine et fait rarement un bel arbre. Cette considération, jointe au peu de mérite des nèfles en général et à l'espèce de stérilité qui résulte de la taille, doit engager à ne planter ces arbres qu'en buisson ou à haut-vent, et à les affranchir surtout d'une taille complète et périodique.

Du Pêcher.

Les nombreuses variétés du pêcher se greffent sur amandier, sur pêcher de noyau et sur prunier. Sur amandier, cet arbre acquiert des dimensions considérables et convient plus spécialement aux terreins secs, légers et profonds. Sur prunier, il produit plutôt, vient à-peu-près bien dans tous les terreins, et est préférable aux autres pour les terres fortes, froides et humides ou peu profondes. Il est très-rare d'en rencontrer qui soient greffés sur pêcher de semence.

Sauf quelques exceptions résultantes de circonstances locales très-particulières, je doute que le pêcher en pyramide puisse avoir un succès durable dans ce pays-ci. Il n'est pas rare d'obtenir une belle végétation pendant quelques années, mais un printemps défavorable suffit pour tout détruire. Ce n'est pas la forme pyramidale qui nuit au succès, car le pêcher est naturellement disposé à la prendre, mais c'est l'exposition de cet arbre délicat en plein air, ce sont les intempéries auxquelles il est exposé dans cette situation, qui contrarient sa végétation et lui font éprouver continuellement des pertes.

Le mauvais succès d'une première tentative m'a fait

renoncer à employer des pêchers greffés pour faire des pyramides ; depuis quatre ans je soumets à cette taille des sujets provenant de noyaux que j'ai semés dans le double but d'en faire des pyramides et d'obtenir des variétés nouvelles. Jusqu'à présent elles ont un aspect agréable et laissent l'espoir du succès. J'ignore quel sera en définitif le résultat de ce second essai, mais, en attendant, je crois pouvoir conseiller aux personnes qui voudraient aussi tenter cette culture de ne le faire que dans des sols légers et à des expositions méridiennes et bien abritées. Elles feront également bien d'employer de préférence des individus provenus de noyaux, semés autant que possible à la place où l'arbre doit rester, afin d'éviter la déplantation, toujours nuisible à cette espèce. Toutes les variétés du pêcher ne sont pas également propres à donner constamment de bons fruits par leurs semences. Pour qui ne veut rien donner au hasard, sous ce rapport, l'excellente variété connue en Normandie sous le nom de *Malte*, mérite la préférence, les individus provenant de ces noyaux donnant constamment de bons fruits. Je recommanderai encore d'apporter toute l'attention possible à bien faire la taille, les pêchers exigeant, sous ce rapport, une méthode et des soins tout particuliers, pour lesquels on consultera avec fruit le *Manuel complet du Jardinier*, par M. L. Noisette, tome 2, page 212.

Du Poirier.

On greffe le poirier sur franc ou poirier sauvage provenant des semences de poires à cidre, sur coignassier, sur néflier des bois, et sur l'aubépine.

Le néflier et l'épine blanche, quoiqu'employés par quelques jardiniers de la campagne comme sujets pour le poirier, sont peu propres à cet usage, parce que cette

union disproportionnée d'un arbre avec un arbuste produit des individus dont la greffe est plus grosse que le
pied ; ils sont aussi très-peu productifs, et, jusqu'à ce
que le contraire soit démontré, il est permis de croire
que leurs fruits doivent être médiocres en volume et
en qualité.

Sur coignassier, le poirier fructifie promptement,
fait un arbre moins grand que sur franc, mais ses fruits
sont généralement plus gros, plus colorés, et d'une saveur
plus agréable. Il prospère assez bien dans les terres fortes
et dans les terres substantielles, telles que celles numérotées 3, 4, 5, 7 et 8 ; mais il ne réussit que par exception dans celles numérotées 1, 2 et 9. Dans les sables,
il vit longtemps, mais son accroissement est très-lent,
ses plus grandes dimensions sont fort peu de chose
comparativement à ce qu'elles pourraient être ; et souvent, trop faible pour fructifier, il ne produit plus que
quelques fleurs maigres qu'accompagnent assez mal les
lichens et les *mousses* dont son écorce épaisse et gercée
est recouverte.

Dans les terres crayeuses ou calcaires, il a une végétation soutenue tant que dure l'effet des engrais, des
rapports de terres et des autres amendements ; mais le
dépérissement arrive toujours au bout de quelques années,
et s'annonce par la couleur jaune des feuilles dès la fin
de chaque printemps, par la perte successive d'une partie
des branches, par la maigreur et la stérilité des fleurs.
Dans les pyramides, c'est toujours la flèche qui périt
d'abord, et, en peu d'années, ce dépérissement met
dans la nécessité de rabattre la tige à quelques pieds
au-dessus de la terre; alors, les branches latérales inférieures semblent reprendre de la force, mais bientôt cette
vigueur les abandonne, et une sorte d'agonie, plus
ou moins longue, suivant les circonstances, amène ordinairement la mort.

Dans les terres très-légères (n° 9), que plusieurs gé-
nérations d'arbres ont souvent épuisées , le poirier sur
coignassier peut avoir une végétation brillante pendant
quelques années , s'il a été bien planté ; mais il y vit
généralement peu. Presque toujours il cesse promptement de pousser , et ne fait plus que donner des fleurs
ordinairement stériles , faute de vigueur. Leur destruction ne s'opère point comme dans les terres calcaires ,
par les branches , mais presque toujours par les racines ;
ainsi , lorsqu'un arbre chargé de feuilles , et quelquefois
de fleurs ou de fruits , se fane tout-à-coup , ce qui n'est
pas rare dans ces sortes de terres , on est assuré de trouver
ses racines pourries et couvertes de *blanc* ou *champignons ;*
les jardiniers désignent cette maladie par le nom d'*échauf-*
fement.

Le poirier greffé sur franc est très-vigoureux , et acquiert de grandes dimensions. Il est lent à se mettre à
fruit , et dans quelques variétés , telles que la *cueillette* ou
épargne , il les donne un peu âpres , moins gros et moins
colorés que sur coignassier. Presque tous les terreins
lui conviennent , mais, dans les terres fortes et trop
substantielles , il devient souvent galeux et même chancreux. Dans les terres sableuses , crayeuses et très légères
(n°s 1, 2 et 9), au contraire , il est le seul qui puisse
avoir un succès durable.

Il me semble que, pour greffer les poiriers destinés à
meubler les jardins et surtout pour ceux auxquels on
veut imposer la forme pyramidale , les poiriers francs
provenant de pepins de poires de dessert conviendraient
mieux que ceux des poires à cidre que l'on est dans
l'usage d'employer exclusivement. L'inspection de ceux
que j'élève dans le but d'obtenir de nouvelles variétés
me porte à croire que des arbres greffés sur de tels
sujets tiendraient le milieu entre ceux sur coignassier

et

et ceux sur franc proprement dit, et seraient préférables
à ces derniers.

Plusieurs variétés de poires refusent de prospérer
lorsqu'elles sont greffées sur le coignassier ; telles sont le
saint-michel ou *doyenné gris*, celle dite *délices de dar-
dampon*, le *beurré d'Angleterre*, la *bergamotte d'été*, etc.
Lorsque les qualités du sol ou d'autres circonstances
s'opposent à la plantation d'arbres greffés sur franc, il
faut, pour n'être pas privé des variétés précitées, greffer
d'abord sur le coignassier quelque variété susceptible
d'une union intime avec lui, et sur cette variété on
greffe celle que l'on désire avoir. C'est ainsi que sont
greffés presque tous les *beurrés d'Angleterre* livrés au
commerce ; ils n'ont de rapport avec le coignassier qui
fait leur pied, que par la médiation d'une greffe de
sucré-vert.

Les innombrables variétés de poires de dessert ne
sont pas également aptes à prendre la forme pyramidale ; la *cueillette* ou *épargne*, et la *madeleine*, fleurissant
et fructifiant trop et trop tôt, leurs bourgeons sont peu
nombreux et naissent irrégulièrement, ce qui rend nécessaire une taille plus courte pour leur conserver la
vigueur et les faire garnir. Dans beaucoup de variétés,
la sève se porte rapidement au sommet de l'arbre et
abandonne le bas de la tige, qui reste entièrement nue
si on n'y remédie promptement. Ce mode particulier de
végétation se remarque surtout dans les jeunes arbres
appartenant aux variétés dites *sucré-vert*, *chaumontel*,
petit rousselet, *gros rousselet*, *orange musquée*, *impériale à
feuilles de chêne*, etc. : la manière de faire regarnir ces
arbres a été indiquée plus haut.

Parmi les variétés qui se garnissent le mieux et le plus
naturellement de branches latérales, on compte le *messire-
jean*, le *martin sec*, le *saint-germain*, le *doyenné*, etc.

Dans ces variétés, la sève, devenue plus active par

l'opération de la taille , y développe une prodigieuse quantité de bourgeons dont les trois quarts au moins sont inutiles et même nuisibles. Il faut donc, dans ce cas , choisir sur chaque branche le rameau le plus convenable sous tous les rapports , mais surtout sous celui de la direction , et supprimer les autres.

J'ai planté et cultivé beaucoup de poiriers en pyramide dans toutes sortes de terrens , mais je n'abuserai point de cela pour faire des citations oiseuses ; je ne m'en permettrai que deux.

Pendant l'hiver de 1805 à 1806 , j'ai planté soixante pyramides, presque toutes en poiriers , dans un jardin situé au centre de Rouen ; le terrein est de l'espèce nᵒ 8 ; des changements ayant nécessité la suppression de quelques-uns de ces arbres, quarante-huit sont restés. Tous sont très-réguliers et bien garnis , et la plupart avaient , dès 1823, vingt pieds de hauteur ; la base de chaque pyramide avait de dix huit à vingt-un pieds de périmètre , et , à huit ou dix pouces au-dessus de la terre , le périmètre de chaque tige était de vingt à vingt-six pouces. Chacun de ces beaux arbres produit presque tous les ans plusieurs centaines de fruits d'un volume considérable et d'un goût exquis.

En décembre 1819, j'ai planté, dans un terrein sableux, situé à *Quevilly* près Rouen, quarante-huit pyramides, parmi lesquelles il y a beaucoup de poiriers ; leur élévation , en 1823, était de neuf à dix pieds. Le périmètre de la base de chaque pyramide avait pareille dimension ; celui de la base de la tige était de huit à neuf pouces.

Du Pommier.

Le pommier se greffe sur sauvageon, sur franc, sur doucin et sur paradis. Le sauvageon ou pommier sauvage , plus connu des habitants de nos campagnes sous le nom de *loquet,* pourrait s'obtenir de semence au moyen de fruits récoltés dans les bois ; mais comme on l'emploie très-rarement pour recevoir la greffe , on n'use point de ce moyen, et l'on se contente de l'arracher dans les endroits où il croît spontanément. Les cultivateurs s'accordent à dire que les pommiers greffés sur ce sujet agreste acquièrent de grandes dimensions , vivent longtemps, sont moins délicats que d'autres , et s'accommodent mieux des mauvaises terres , mais que leurs fruits conservent un peu des mauvaises qualités de celui du sujet.

Comme il est rare que l'on établisse un jardin dans les terres arides et de la plus mauvaise qualité, il est peu de cas dans lesquels on doive planter des pommiers en pyramides greffés sur pommier sauvage. Mais cette espèce de sujet me paraît avoir sur les autres un avantage précieux, celui de conserver saines et bien portantes des variétés qui se couvrent ordinairement de chancres. Je n'ai encore sur cela que quatre années d'expérience, et il en faudrait au moins vingt ; mais aussi, loin de présenter la réussite de cet essai d'une date trop récente, comme le gage certain d'un succès infaillible et durable, je me contenterai d'engager les amis des arbres à le répéter, et à le poursuivre, comme je me propose de le faire avec persévérance.

Jusqu'à présent je n'ai greffé dans ce but que l'excellente variété bien connue sous le nom de *reinette grise de Dieppedalle.* La quantité de chancres auxquels elle est en proie depuis plusieurs années dans tous les terreins, fait le désespoir des cultivateurs en les privant de l'abondance d'un produit justement estimé. Frappé de cet inconvénient, je pensai que la mâle vigueur des rustiques pommiers de nos forêts, nourrissons peu soignés, d'une nature sauvage, pourrait rendre la santé à une variété dégénérée par sa susceptibilité particulière

et par les soins quelquefois pernicieux d'une longue
culture ; c'est pourquoi je me procurai des *boquets* de
la grosseur d'une plume à celle du doigt, et, pour
qu'un changement trop considérable de sol et d'exposition ne pût opérer dans leur organisation une révolution funeste, je les plantai dans un sol à demi-
ombragé et privé d'engrais. L'année qui a suivi celle
de leur plantation, je les ai greffés en reinette grise,
et, je le répète, la quatrième pousse est aussi bien
portante que les trois premières. Si l'avenir ne détruit
pas les espérances que ces résultats font naître, ce moyen
régénérateur pourra s'étendre à toutes les variétés chan-
creuses, et alors, si l'on avait des craintes pour la
qualité des fruits, il suffirait, pour les faire cesser, d'in-
terposer, entre la greffe et le sujet, la greffe d'une autre
variété de pomme de dessert, comme il a été dit plus
haut pour certains poiriers.

Le pommier franc est le résultat des semences de
pommes à cidre. Il convient comme sujet, pour les
arbres en pyramide destinés à vivre dans les terres
légères, sableuses, calcaires (1), et dans toutes celles
de médiocre qualité. Il est aussi préférable au doucin
pour recevoir la greffe des variétés qui poussent faiblement et fructifient trop et trop tôt, telles que le *pigeon*,
la *passe-pomme rouge*, la *pomme des quatre goûts*, le
calville côtelé, etc.

Le *doucin* est une sorte particulière qui se propage
ordinairement par marcottes. Le pommier greffé sur ce
sujet fait rarement des pyramides d'une belle dimension ;
il ne convient sous cette forme que dans les terres

____

(1) Il est pourtant certaines terres calcaires dans lesquelles les
pommiers pyramidaux sur franc dépérissent après avoir épuisé
les amendements opérés lors de leur plantation.

fortes et très-végétales, où , greffé sur franc, il serait trop longtemps à produire. Le doucin convient encore pour recevoir la greffe de quelques variétés naturellement vigoureuses et tardives à fructifier ; il doit surtout être préféré par les personnes qui , pressées de récolter, tiennent plus à satisfaire ce désir qu'à posséder de beaux arbres.

Les sujets provenant de pepins de pommes de dessert pourraient tenir le milieu entre le franc et le doucin, et conviendraient beaucoup pour recevoir la greffe des arbres dont on veut faire des pyramides à la fois belles et productives ; mais cette culture n'a point encore été adoptée. Je sème chez moi beaucoup de ces pepins , mais j'avoue que , jusqu'à présent , ce n'a été que dans le but d'obtenir des variétés nouvelles.

Il est bien difficile de faire une pyramide avec un arbre greffé sur paradis ; je n'en ai jamais obtenu de plus de six pieds de haut. Aussi cette sorte de sujet , qui s'obtient par marcottes , n'est-elle employée que pour faire des arbres nains et en buisson.

Je n'ai élevé et cultivé sous la forme pyramidale que les pommiers appelés *api rose , calvilles blanc* et *rouge , pigeon , passe-pomme,* des *quatre goûts, reinettes blanche , grise , de Caux , de Tours , jaune hâtive ;* le *pommier à feuilles d'aucuba,* la *pomme panachée* et la *joséphine* ou *pomme-melon.*

J'en ai planté à diverses époques et dans beaucoup de terreins différents ; maintenant ces arbres ne le cèdent ni en élévation ni en régularité aux poiriers que j'ai plantés en même temps , et dont j'ai donné plus haut les dimensions telles qu'elles étaient en 1823.

Une taille courte convient aux pommiers , comme à la plupart des arbres pyramidaux , pour les faire garnir dans leurs premières années. Mais il est beaucoup de variétés vigoureuses, telles que la plupart des *reinettes ,*

qui , une fois formées , n'endurent pas sans dommage
des suppressions annuelles considérables , dont les résultats les plus apparents sont la stérilité , une vigueur
extrême et forcée , d'où résulte le développement d'une
prodigieuse quantité de bourgeons mal placés et qu'il
faut supprimer. Les variétés naturellement faibles et
trop productives , au contraire , seraient bientôt épuisées
si une taille raisonnée ne venait à leur secours.

Des ulcères secs se manifestent souvent sur le *calville
blanc ;* mais ils ont , dans cette variété , un caractère
assez bénin , et si l'on en excepte les individus à haute
tige , mal exposés et plantés dans des terres fortes et
froides , ou bien dans certaines terres crayeuses , ces
ulcères entraînent rarement la perte de l'arbre.

Du Prunier.

Les nombreuses variétés de cet arbre se greffent sur
pruniers de semences ou de drageons. J'ai dit , en parlant du pêcher , pourquoi les drageons sont employés
presqu'exclusivement par les pépiniéristes ; mais je con-
seillerai ici aux propriétaires , qui ne sont pas obligés
de viser à l'économie du temps ni à celles des dépenses,
de semer pour sujets des noyaux , et surtout ceux du
mirobolan , lorsqu'ils voudront avoir des pruniers d'une
grande vigueur.

Les variétés de prunier que j'ai soumises à la forme
pyramidale sont la *verte-bonne* ou *reine-claude,* l'*abricotée,*
la *reinette* ou *prune de monsieur,* la *reine-claude violette ,*
la *prune-pêche ,* la *prune de Jérusalem ,* la *dame-aubert
blanche ,* la *mirabelle ,* la *prune-cerise* et le *mirobolan.* La
plupart sont maintenant de belles et grandes pyramides.

La *reine-claude ,* la *dame-aubert,* la *reine-claude violette*
et la *prune de Jérusalem* produisent peu , et c'est moins
à la forme qu'on leur impose qu'à la taille annuelle à

laquelle on les soumet qu'il faut s'en prendre. La *mira-belle*, *l'abricotée*, et surtout le *monsieur* fructifient bien ; le *mirobolan* produit autant que les individus de son espèce que l'on abandonne à eux-mêmes ; mais, pour cela, il faut qu'il soit fort, le tailler long, laisser beaucoup de rameaux faibles et florifères, et supprimer entièrement tous ceux auxquels une grosseur et une vigueur extraordinaires promettent incessamment une prépondérance destructrice des rameaux faibles et de la régularité de l'arbre.

Une pyramide de mirobolan, plantée en décembre 1814, dans l'espèce de terre n° 7, avait, en 1823, à sa neuvième année de plantation, dix-huit pieds de hauteur ; le périmètre de la base de la pyramide était de dix-neuf pieds, et celui de la base de la tige de dix-huit pouces. Depuis, j'en ai planté sur les sables, dans des terres fortes et froides, et j'ai obtenu les mêmes résultats.

Les pruniers prennent facilement la forme pyramidale, mais ils la perdent promptement lorsqu'on néglige d'établir et de conserver, par une taille convenable et des suppressions raisonnées, l'équilibre et l'égalité de force et de vigueur qui doit exister entre toutes les branches. Ils s'accommodent assez bien de tous les terreins (excepté pourtant ceux qui sont froids et humides) ; mais, dans les terres très-substantielles, où les retranchements périodiques s'opposent à leur fécondité, la taille, si nécessaire à la conservation de la forme pyramidale, tant que l'arbre est jeune et vigoureux, est, pendant longtemps, la cause de l'extrême médiocrité de leurs produits. Ce n'est qu'avec beaucoup d'adresse et de persévérance que l'on peut obtenir des pruniers en général une quantité raisonnable de fruits, tout en les taillant. Je conseille donc aux personnes peu soucieuses d'attendre longtemps après les fruits des pruniers en pyramide, de les planter dans des terreins sableux, ou de toute autre espèce ; mais d'assez médiocre qualité pour tempérer l'excès de leur vigueur ; et si elles n'ont à leur disposition qu'un sol très-substantiel, elles doivent planter seulement la *reinette* ou prune de *monsieur*, dont les produits abondants s'obtiennent facilement malgré la taille, et le *mirobolan*, qui se recommande par les dimensions colossales qu'il acquiert en peu de temps par l'abondance des fleurs dont il se couvre dès le mois de février, et enfin, par la forme et la couleur particulières de ses fruits, dont on fait des compottes estimées.

Je dois dire encore, relativement au prunier *mirobolan* en pyramide, que la rapidité avec laquelle il croît, doit le faire placer isolément, ou aux angles des carrés, ou bien enfin aux extrémités des lignes, pour qu'il ne fasse pas un disparate choquant, en s'élevant beaucoup plus que les autres espèces entre lesquelles on l'aurait planté.

J'ai peut-être donné un peu trop d'extension à ces détails, mais, en revanche, il me reste peu de choses à dire concernant les espèces ou variétés qui prospèrent le mieux dans chaque sorte de terre, puisque cette question est en grande partie résolue par ce qui précède.

J'ai dit plus haut, en parlant du cerisier, que, greffé sur mahaleb, il est susceptible de périr dans certains terreins pendant la végétation et par la pourriture de ses racines. Cela arrive fréquemment dans les espèces de terres n°s 5, 7, 8, et surtout dans celles n° 9 ; il est donc prudent de choisir greffés sur merisier, la plupart des cerisiers que l'on veut planter dans ces sortes de terres.

Dans les terres sableuses, n° 1, et dans les crayeuses ou calcaires, n° 2, au contraire, le mahaleb est préférable au merisier ; il y prospère et vit longtemps.

Les cerisiers sur merisiers, plantés dans des terreins crayeux ou calcaires, y vivent généralement peu, donnent

des

des fruits souvent acerbes, et la couleur jaune de leurs feuilles annonce leur prochaine destruction.

Toutes les variétés du pommier paraissent s'accommoder presqu'également du même sol et d'une même exposition ; aussi, partout où l'une d'elles vient bien, les autres y prospèrent généralement aussi, toutes circonstances égales d'ailleurs. Il faut dire pourtant qu'il n'en est pas ainsi de la *reinette grise*, dont les dispositions cancéreuses ne font qu'augmenter chaque jour. Après cette variété la *reinette blanche* est la plus délicate et la plus sujette aux chancres ; le *calville rouge d'automne* est presque toujours en proie à cette maladie dans les terres numérotées 3 et 4.

A ces exceptions près, c'est donc moins à la délicatesse et à la susceptibilité des tissus corticaux de certaines variétés qu'aux qualités particulières des terreins et des engrais que l'on doit l'apparition et la succession des chancres sur les pommiers. Les espèces de terres nos 3 et 4 favorisent plus que d'autres le développement de cette maladie.

Le poirier, sans contredit, est de tous les arbres fruitiers celui qui offre le plus d'exceptions dans le choix de ses nombreuses variétés relativement au terrein et à l'exposition qui leur conviennent le mieux.

Le *bon-chrétien d'hiver* et le *colmar* exigent l'espalier ; l'*amboise* ou *beurré* et la *crassane*, plantés en pyramide, notamment dans les terres nos 2, 3, 4, 5, 6 et 7, deviennent ordinairement chancreux, leur écorce est galeuse, et leurs fruits, lorsqu'ils en donnent, sont galeux, gercés et pierreux. Ces deux excellentes variétés réussissent assez bien dans les terres nos 1 et 9, et surtout dans celle no 8, si elles y sont abritées. Elles y réussiront même parfaitement et donneront de très-beaux et bons fruits, si on peut les placer à quelques toises d'un angle abrité et formé par des bâtiments ou de hautes murailles, et faisant face au levant et au midi.

Le *sucré-vert*, la *marquise* et le *gros rousselet*, que l'on voyait prospérer autrefois presque partout, se couvrent maintenant de chancres ou d'une écorce galeuse dans les terres n°s 2, 3, 4, 5, 7 et 9.

La *cueillette* ou *épargne*, le *saint-michel* ou *doyenné* et le *saint-germain* sont aussi sujets aux chancres depuis plusieurs années, mais seulement dans quelques variétés des terres n°s 3, 4 et 7. Partout ailleurs ils réussissent généralement bien.

Le *beurré d'Angleterre* joint à l'avantage de former presque naturellement des pyramides bien garnies et bien faites, le rare mérite de prospérer dans tous les terreins.

Les variétés qui viennent généralement bien partout, quand d'ailleurs l'espèce du sujet est appropriée aux qualités de la terre, sont les suivantes :

Angleterre d'hiver.	Chaptal.
Belle noisette.	Chaumontel.
Belle d'août.	Dagobert.
Bon-chrétien d'Espagne.	Double-fleur.
d'automne.	Franc-réal.
d'Auch.	Fin or de septembre.
Bergamotte d'été.	Fondante de Brest.
de Pâques.	Grise bonne.
Bézy de Kaissoy.	Gargeanville.
de Montigny.	Impériale à feuilles de chêne.
de la Mothe.	Louise bonne.
Beurré romain.	Madeleine
Bellisime d'automne.	Messire-jean.
Cuisse-madame.	Martin sec.
Calbasse.	Martin sire.
Catillac.	Orange musquée.

Poire figue.	Salviati.
Petit blanquet.	Saint-père.
Petit rousselet.	Sanguine d'Italie.
Petit muscat.	Tonneau.
Rousselet bon dieu.	Trésor d'amour.
Rousselet de rivière.	Verte longue.
d'hiver.	panachée.
Royale d'hiver.	Virgouleuse.

Je ne cite point le *bon-chrétien d'été* parce que cette variété ayant pour caractère singulier de faire la plupart de ses boutons à fruit au bout des rameaux, il serait difficile d'en faire de belles pyramides et d'en obtenir en même temps des fruits, surtout pendant leur jeunesse.

Je ne dirai rien non plus de beaucoup de variétés encore rares ou nouvelles que je cultive depuis peu, et que, par cette raison, je n'ai pas encore eu le temps d'étudier.

A ces indications concernant le choix des variétés par rapport aux qualités du sol, j'ajouterai que les personnes qui se proposent de créer un jardin fruitier, doivent visiter les jardins voisins du leur, s'ils sont établis sur un fond semblable, et prendre note des espèces et des variétés qui y prospèrent facilement. Cette espèce d'enquête ne doit pas faire renoncer entièrement à la culture de sortes plus délicates que des soins bien entendus et continués peuvent faire croître et fructifier d'une manière satisfaisante ; mais elle aide beaucoup dans le choix à faire lorsqu'on ne veut pas trop hasarder le succès de sa plantation.

Il me reste à tracer rapidement le tableau des diverses opérations relatives à l'éducation, la plantation, la taille, la culture et la conservation des arbres fruitiers pyramidaux. Cet article complémentaire, ne devant présenter que les préceptes et les faits qui n'ont pu trouver place dans ce qui précède, sera très-court.

Les arbres fruitiers destinés à faire des pyramides se greffent ordinairement en écusson à œil dormant ; cependant on en greffe aussi quelquefois en fente et même en couronne (1), quelle que soit l'espèce de greffe employée ; si elle réussit il en résulte un scion ou pousse qu'il faut raccourcir au commencement ou à la fin de l'hiver suivant ; si la greffe produit plusieurs bourgeons, en mai ou juin on fait choix de celui qui à plus de force et de vigueur joint la direction la plus verticale, et, pour favoriser son développement, on pince tous les autres à quelques pouces de leur naissance.

La hauteur que l'on doit laisser à cette jeune tige lors de la taille se calcule sur sa grosseur, sa hauteur totale, les habitudes de son espèce et le développement plus ou moins parfait de ses gemmes latéraux. Ainsi on rabattra à moitié ou aux deux tiers de la hauteur totale, vers le point où une diminution sensible dans la grosseur du scion et des gemmes ou moins saillants ou plus allongés se font remarquer. La tige

---

(1) Cette greffe a tant d'avantages incontestables sur la greffe en fente qu'elle devrait obtenir la préférence sur elle ; mais malheureusement il n'en sera pas ainsi, car nos plus célèbres agronomes ne cessent de répéter à l'envi cette phrase pitoyable : « La greffe » en couronne est peu usitée, et ne convient que pour rajeunir de » vieux arbres. » Depuis vingt-deux ans il n'a pas été posé chez moi une seule greffe en fente, mais j'en ai fait au moins trente mille en couronne. C'est donc avec connaissance de cause que, dans un Mémoire sur l'Education et la Culture du Pommier dans les environs de Rouen, j'ai fait connaître une partie des avantages de cette greffe, ainsi que les principaux inconvénients de celle en fente.

ainsi taillée pourra avoir d'un pied et demi à trois pieds et demi de hauteur.

Si on rabat avant l'hiver , ce qui peut être justifié par l'extrême hauteur de la tige et par son exposition aux grands vents , on ne coupera qu'à trois à quatre lignes au-dessus du dernier gemme , sauf à raccourcir convenablement ce chicot au printemps. Le gemme sur lequel on asseoit la taille , doit être bien placé exempt de défauts apparents , et promettre en quelque sorte un bourgeon robuste , vertical , et capable de continuer la tige.

Si des sous-bourgeons se sont développés à la partie inférieure de cette jeune tige , ce qui arrive souvent dans plusieurs sortes , surtout quand elles jouissent pleinement de l'air et de la lumière , et aussi quand la rupture ou destruction accidentelle de son extrémité retient la sève quelque temps à sa base et la fait agir sur les gemmes latéraux , on taille ces sous-bourgeons du premier au quatrième gemme , en observant de choisir le dernier sur l'un des côtés ou en dessus si le sous-bourgeon est horizontal ; si , au contraire , il est presque vertical , on taillera sur un gemme placé au-dehors. Le but de ce choix est d'obtenir des rameaux qui ne soient ni pendants ni verticaux , une direction oblique ascendante qui donnerait, entre la tige et le rameau , un angle de cinquante à quatre-vingts degrés, étant la meilleure.

Tous les sous-bourgeons , et par suite les rameaux qui se trouveraient à moins de dix à douze pouces de la surface du sol , doivent être supprimés.

Au printemps suivant , on visitera le gemme sur lequel on a taillé la tige , et s'il n'avait produit qu'un bourgeon faible et languissant , il faudrait le rabattre sur le plus vigoureux et le plus droit de ceux qui se trouvent au-dessous.

Si un ou plusieurs des bourgeons qui avoisinent le terminal se développent avec une vigueur égale à la sienne, il faut les pincer, c'est-à-dire couper leur extrémité avec les ongles ou de toutes autres manières. Le retard qu'ils en éprouveront profitera aux bourgeons inférieurs ainsi qu'à celui qui est destiné à prolonger la tige.

Lors de la deuxième taille, on calculera la longueur à laisser au bourgeon terminal sur le développement plus ou moins satisfaisant des rameaux latéraux inférieurs, c'est-à-dire que s'ils ne sont pas développés en nombre suffisant, ce qui prouverait qu'on aurait taillé trop long la première fois, on taillera plus court.

Les bourgeons latéraux inférieurs seront taillés sur quatre à six pouces de longueur, les supérieurs le seront à deux ou trois pouces, et les intermédiaires dans des proportions relatives, afin que l'ensemble présente déjà une petite pyramide étroite. On ne perdra jamais de vue qu'il vaut mieux qu'un rameau soit d'un pouce trop long ou trop court que de le tailler sur un œil mal placé.

Pendant le printemps qui suivra cette deuxième taille, on supprimera tous les bourgeons qui pourraient naître de la tige autour de la base des rameaux latéraux. Si pourtant il s'en trouvait qui eussent plus de vigueur et une meilleure direction que le rameau voisin, ils seraient conservés de préférence.

On se trouvera quelquefois dans le cas de rabattre sur leur deuxième bourgeon des rameaux latéraux dont le premier est faible ou dans une mauvaise direction.

Chaque rameau latéral produisant ordinairement plusieurs bourgeons, on fera choix de celui qui, par sa force et sa direction, paraîtra le plus propre à continuer la branche ; les autres seront pincés à quelques pouces. Le seul cas où l'on doive admettre une bifurcation est lorsque l'un des bourgeons latéraux d'une branche ou rameau se dirige du côté d'un vide assez considérable pour qu'il soit utile de le remplir.

Si cet ébourgeonnement n'a pas été fait, on y remédiera à la taille suivante, avec cette attention qu'après avoir convenablement espacé les rameaux ou branches, par la suppression d'une partie, il faut faire choix d'un rameau terminal pour chacune ; on coupera sur le premier œil les rameaux latéraux. Ces rameaux ainsi coupés ont de quatre à douze lignes de long, et donnent souvent un ou plusieurs boutons à feuilles, aussi appelés *lambourdes*, qui par la suite sont des boutons à fruit. Si au lieu de ces précieux boutons il s'en développe un nouveau rameau, on retranche le tout à la taille suivante, et presque toujours des lambourdes naissent autour de la plaie. Ceux de ces bourgeons latéraux qui seront minces et longs de quelques pouces seulement, seront conservés dans leur entier, ce qui les mettra dans le cas de faire des boutons à fruits, tandis qu'en les taillant on pourrait leur faire produire du bois qu'il faudrait ensuite retrancher.

Si au contraire l'ébourgeonnement indiqué ci-dessus a été fait, et que les bourgeons latéraux que l'on aura pincés aient cessé dès-lors de pousser, soient restés minces et se trouvent garnis d'un ou de plusieurs gemmes gros et arrondis, on les conservera sans les tailler.

Après avoir ainsi espacé les rameaux et fait les suppressions nécessaires pour conserver l'égalité de force et de vigueur entre toutes les branches, et aussi pour que l'air et la lumière puissent pénétrer et circuler facilement entre chacune d'elles, on procédera au raccourcissement de la flèche, lequel doit être relatif à sa grosseur, au nombre de rameaux latéraux dont on a besoin, et au degré de facilité avec lequel l'espèce de l'arbre les produit. On terminera l'opération par le raccourcissement des rameaux latéraux, dont la longueur est subordonnée à la hauteur où chacun d'eux se trouve et déterminée par la forme entière de l'arbre.

Les tailles suivantes se font d'après les mêmes principes, mais, lorsque l'arbre est formé et suffisamment garni, on doit tailler beaucoup plus long afin d'obtenir plus de fruits.

La forme d'une pyramide est élégante et gracieuse lorsque le périmètre de sa base est à peu-près égal à sa hauteur ; aussi c'est toujours dans ces proportions qu'il faut les tailler, excepté dans les deux cas suivants :

Lorsque l'arbre encore très-jeune, ou rajeuni sur ses branches, n'est pas suffisamment garni et développé ; la nécessité de tailler court pour obtenir du bois oblige à tenir la pyramide plus étroite. L'augmentation de son diamètre doit être progressive et calculée sur la vigueur de l'arbre, les habitudes et le genre de végétation particuliers à son espèce.

Le second cas dans lequel il faut déroger à la règle ci-dessus, est lorsque la pyramide a de vingt-trois à vingt-cinq pieds de périmètre à sa base. Cette dimension ne pourrait être sensiblement augmentée sans inconvénients, car il faut que la main puisse toujours atteindre jusqu'à la tige de l'arbre ; alors on doit allonger le cône en laissant croître l'arbre en hauteur sans donner d'augmentation au diamètre de sa base.

Que l'on ne dise pas que cette observation est inutile parce qu'on ne voit point ici de pyramides ayant vingt-quatre pieds de hauteur et de périmètre, car je suis encore en mesure pour convaincre les incrédules, en leur montrant des arbres qui ont ces dimensions.

Je ne dirai point, comme beaucoup d'autres, qu'il faut tailler chaque rameau à moitié ou aux deux tiers de sa longueur, ou bien du fort au faible, c'est-à-dire, à l'endroit où le rameau, diminuant sensiblement de

grosseur,

grosseur, fait un coude appréciable lorsqu'on l'incline
en le tenant par son extrémité ; toutes expressions à
peu près synonymes. Ce précepte est très-bon sans
doute, puisque, quoiqu'il soit connu et publié depuis
plus de cinquante ans, plusieurs de ceux qui ont ou
prennent l'occasion de le citer ont soin de se l'appro-
prier et de le présenter comme règle nouvelle en taisant
son ancienneté ainsi que le nom de son auteur ; mais
il n'est réellement applicable qu'aux arbres à fruit à
pepins, cultivés en espaliers, en contre-espaliers, en
vase ou en gobelet, et nullement aux pyramides, dont
la longueur de la taille est nécessairement subordonnée
à la forme générale de l'arbre, laquelle exige des proportions relatives entre tous ses rameaux, pour que
chacun d'eux, quels que soient sa grosseur et le point
d'où il part, arrive sur la ligne déterminée par la base
et le sommet du cône ; ce qui fait que, si l'on a taillé
trop court les rameaux inférieurs, la pyramide entière
sera plus étroite qu'elle n'aurait dû l'être. Aussi l'importante recommandation de consulter l'espèce, l'âge
et la vigueur de l'arbre, ainsi que ses besoins et ses
ressources, pour déterminer la longueur de la taille,
n'est applicable qu'aux rameaux de la base de la pyramide, puisque de leur longueur dépend celle de tous
les autres.

J'ai insisté sur la nécessité d'espacer les branches, de
ne leur laisser qu'un bourgeon terminal, et de supprimer
presqu'en entier tous les bourgeons latéraux, trop nombreux ou mal placés, parce qu'on rencontre souvent des
apprentis tailleurs d'arbres, dont le respect plus qu'hé-
téroclite pour les productions ligneuses, leur fait tailler
tous les rameaux (et souvent trop court), sans en supprimer aucun. Il résulte de cette opération vicieuse un
nombre prodigieux de ramifications autant inutiles que
désagréables, dont le moindre effet est la stérilité de

l'intérieur de la pyramide, par la difficulté qu'éprouvent l'air et la lumière pour y pénétrer.

Si les prôneurs de ce pitoyable système avaient calculé qu'une pyramide vigoureuse ayant cinquante branches , par exemple, aurait, au bout de dix ans, (en n'admettant pour chaque ramification qu'une seule bifurcation par an), cinquante-un mille deux cents rameaux , s'il était possible que ce nombre effrayant pût trouver assez de place pour se développer , et que chaque branche serait terminée par une tête ou buisson plus rameux que ne doit l'être un arbre entier bien conduit , ils adopteraient sans doute une méthode plus en harmonie avec celle de la nature , qui, dans un arbre abandonné à ses soins, développe rarement plus d'un bourgeon à l'extrémité de chaque rameau de l'année précédente , tandis que les gemmes latéraux se transforment en ramilles , lambourdes et boutons à fruit.

Tout ce qui précède est plus particulièment applicable aux arbres à fruits à pepins.

Les soins particuliers aux abricotiers , cerisiers et pruniers , étant indiqués dans les articles relatifs à chacun de ces genres , j'observerai seulement ici que les arbres à fruits à noyau , en général , donnant leurs fleurs sur le bois d'un an , il faut, en taillant les petits rameaux latéraux , qui sont les branches à fruits , faire choix d'un bon œil à bois pour asseoir la taille dessus. Le raccourcissement de ces rameaux est nécessaire dans l'abricotier ; sur les pruniers et cerisiers , au contraire , il est souvent utile de les laisser entiers.

Quand on néglige de rabattre chaque année, sur un bourgeon faible , les bourgeons trop vigoureux qui naissent assez abondamment un peu au-dessous du sommet de la pyramide, les branches inférieures en souffrent, et l'arbre finit par présenter un renflement marqué vers le deuxième tiers de sa hauteur ; c'est alors moins une pyramide qu'un corps cylindracé terminé par un cône. Ce défaut est assez commun, et je l'ai remarqué avec peine sur des arbres servant de modèles dans l'un des principaux établissements de la capitale.

La défectuosité des formes reconnaît aussi pour cause l'inexpérience des ouvriers et le défaut de justesse dans leur coup-d'œil. Cela arrive d'autant plus fréquemment que les arbres sont plus forts; aussi, je crois faire une chose utile en indiquant un moyen sûr pour pouvoir, sans tâtonnements, donner aux arbres défectueux une forme très-régulière.

Les bourgeons inutiles et trop rapprochés étant supprimés en tout ou partie, on taille le bourgeon terminal, après quoi on trace sur la terre un rond autour du pied de l'arbre; la grandeur de ce rond est calculée sur l'étendue des branches inférieures de la pyramide, et sur la longueur à laisser à leurs bourgeons; le pied de l'arbre occupe naturellement le centre de l'orbite tracée sur la terre. Ceci fait, on prend une *gaulette* ou autre morceau de bois long, droit et aiguisé par le bas. On plante cette règle dans la ligne circulaire tracée sur le sol et on l'incline de manière à ce que son extrémité supérieure touche le haut de la flèche ou bourgeon terminal, que l'on aura préalablement taillé comme il est dit ci-dessus. La règle étant fixée dans cette direction, on coupera les rameaux latéraux à l'endroit où ils la touchent, à un pouce près pourtant, car il ne faut pas négliger le choix du dernier gemme par rapport à la direction du rameau et aux vides à remplir. Lorsqu'on aura taillé du haut en bas tous les rameaux touchant ou avoisinant la règle, on la plantera un peu plus loin et l'on continuera ainsi jusqu'à ce que l'on ait fait le tour de la pyramide.

Ce moyen, qu'on pourrait appeler celui des apprentis, n'exige d'autre attention que celle de bien placer la

règle, d'un bout dans le cercle , et de l'autre contre le
haut de la tige.

Supposant toujours aux personnes pour lesquelles
j'écris la connaissance des premiers éléments de l'horticulture , je ne m'arrêterai point à d'inutiles détails
sur les plantations, et me bornerai à rappeler quelques
opérations importantes beaucoup trop négligées.

Le mois de novembre est le plus favorable aux plantations ; à cette époque, la terre n'est point encore
surchargée d'humidité et se divise généralement bien.
La sève est alors dans sa plus grande inaction, et la
nature semble , par la chute des feuilles, indiquer elle-
même le moment le plus favorable aux transplantations.
Les plantations de mars ne sont bonnes que dans les
terres froides et substantielles , et lorsqu'elles sont sui-
vies d'un printemps humide.

Si l'endroit où l'on veut planter n'a pas été défriché
récemment , il faut y creuser un vaste trou. Si un autre
arbre a vécu plusieurs années à cette même place , la
terre du trou sera enlevée et remplacée par d'autres
provenant de quelqu'endroit où aucuns arbres n'auront
existé depuis longtemps.

Si c'est dans une vallée, en terre dense et capable de
retenir longtemps l'eau chaque hiver, ou près de quelques
rivières sujettes à déborder, le trou sera creusé plus
avant, rempli en partie de blocs ou d'autres corps
propres à faciliter le prompt écoulement de l'eau , et
l'arbre sera planté en butte.

Si la terre est très-maigre, des engrais animaux ou
d'autres bien consommés seront mis autour du pied
de l'arbre avec l'attention qu'ils ne touchent aucunement
ses racines.

Enfin, si la terre est naturellement sèche et très-légère, les racines de l'arbre étant recouvertes, on étendra
sur la surface du trou une couche de fumier, de fou-

gère, de chaume ou de toutes autres substances capables de conserver l'humidité et de fournir de l'humus. Une légère couche de terre sera mise par-dessus.

La déplantation se fera avec l'attention de conserver toutes les racines, et dans la plus grande longueur possible.

Les racines rafraîchies et non raccourcies, on procédera à la plantation, en les étendant à la main, et ce, dans leur direction naturelle, à moins que le pied ne soit dégarni d'un côté, auquel cas il faudra diriger des racines vers ce point. On les garnira ensuite en remplissant les intervalles le plus exactement possible avec de la terre bien divisée. Des pivots longs et verticaux ne seront raccourcis qu'autant que les efforts faits pour les diriger horizontalement, soit par une courbure, soit par une torsion, auront été infructueux.

Si c'est dans une plate-bande que l'on plante les pyramides, elle ne doit pas avoir moins de six à huit pieds de largeur ; les arbres doivent être au moins à douze pieds l'un de l'autre, et, s'ils sont d'espèces vigoureuses et sur franc, cette distance sera insuffisante.

Aucune plantation d'arbres, d'arbustes, ou même de plantes, soit utiles, soit d'agrément, ne sera faite qu'à une grande distance des pyramides, afin qu'elle ne puisse leur nuire en aucune manière.

Note explicative du sens attaché à quelques expressions employées dans le cours de ce Mémoire.

GEMME, GEMMA, substantif masculin employé par les Botanistes et les agronomes modernes, pour désigner *les yeux* ou *boutons à bois*, que l'on trouve dans l'aisselle des feuilles sur les bourgeons des arbres, et, après la chute des feuilles, sur leurs rameaux.

BOURGEON : ce mot, employé autrefois pour désigner les boutons à fruits , est devenu le nom propre des pousses nouvelles des arbres.

Le RAMEAU n'est autre chose que le bourgeon âgé d'un an , et devenu complètement ligneux. Lorsqu'il se ramifie par le développement de tout ou partie de ses gemmes , ce qui arrive la seconde année , il prend le nom de BRANCHE.